农药减量控害实战丛书

土壤熏蒸与番茄高产栽培

彩·色·图·说

颜冬冬　曹坳程　著

中国农业出版社

前　言

　　番茄是全世界栽培最为普遍的果菜之一，在欧洲、美洲及中国和日本都有大面积的温室、塑料大棚及其他保护地栽培的番茄。

　　保护地番茄栽培由于受条件限制，常常连作，造成营养失衡，土壤有益微生物种群下降，病原菌累积数量增加，致使栽培番茄枯萎病、青枯病、茎基腐病、根腐病、根结线虫病等各种病害越来越严重，严重危害着番茄的生产。

　　传统控制土传病害一般采用药剂灌根的方法，需要多次用药，并且效果一般，而且极易引起农药残留超标问题。而土壤熏蒸处理是在作物种植前对土壤进行用药，能有效控制土传病虫害的发生，解决作物连作障碍问题，增强作物抗病性，显著提高果品产量和品质。

土壤熏蒸技术在国际上应用已有近70年的历史，广泛应用于不同作物，防治土传病原真菌、细菌、线虫、杂草、地下害虫等。在我国，土壤熏蒸技术才刚刚起步，主要用于草莓、生姜、番茄、黄瓜、辣椒、茄子、烟草、花卉、西瓜等高经济附加值作物上。采用土壤熏蒸消毒处理后，能够显著降低作物生育期病虫草害的发生和农药使用量，而且所采用的熏蒸剂分子量小、降解快，无地下水污染和农药残留问题，有利于环境保护和食品安全。

土壤熏蒸技术的具体应用涉及很多关键技术和环节，在作物生长期需要配合清洁化田间管理措施。为此，我们总结了多年的田间实践经验，编著了《土壤熏蒸与番茄高产栽培彩色图说》一书，希望能够指导实际生产，为提高番茄产量和农民收益做出贡献。

著　者

2016年10月

目　录

3

一、番茄土传病害的危害及土壤熏蒸的必要性

1. 番茄土传病害的危害

番茄（*Solanum lycopersicum*）是茄科茄属番茄亚属多年生草本植物，又称西红柿、洋柿子，原产于中美洲和南美洲，作为茄果类蔬菜在全世界广泛种植。

日光温室栽培的番茄

1

保护地栽培番茄由于受条件限制，常常连作栽培，造成营养失衡，土壤有益微生物种群下降，病原菌累积数量增加。枯萎病、青枯病、茎基腐病、根腐病、根结线虫病等各种病害越来越严重，严重危害着番茄的生产。

番茄土传病害为害状

（1）**番茄枯萎病** 番茄枯萎病的病原为尖镰孢番茄专化型 [*Fusarium oxysporum* (Schl.) f. sp. *lycopersici* (Sacc.) Snyder et Hansen]，属子囊菌无性型镰孢属真菌。

番茄枯萎病症状

番茄枯萎病是一种维管束病害。番茄枯萎病在开花结果期始发，发病初仅茎一侧自下而上出现凹陷区，致一侧叶片发黄，变褐后枯死；有的半个叶序或半边叶变黄；也有的从植株距地面近地叶序始发，逐渐向上蔓延，除顶端数片叶完好外，其余均枯死。剖开病茎，维管束变褐。湿度大时，病部发生粉红色霉层，即病菌的分生孢子梗和分生孢子。该病的病程进展较慢，一般感病15 ~ 30天植株才枯死。

（2）**番茄黄萎病**　　番茄黄萎病的病原为大丽轮枝孢（*Verticillium dahliae* Kleb.），属子囊菌无性型轮枝孢属真菌。

番茄的整个生育期都能侵染，但是多发生在番茄生长后期。整个植株的叶片由下向上逐渐变黄，黄色斑驳首先出现在侧脉之间，沿着叶脉扩大，轮廓清晰，成为V形黄斑，经常表现为一片叶的半边正常而另半边变黄枯死，或者整个植株半边的叶片正常而另半边的叶片变黄枯死，之后植株下部叶片明显枯死，发病重的植株结果小或不能结果。剖开病株茎部，维管束变褐，病株并不迅速枯死，而是渐进落叶，表现为慢性的向上枯死，没有乳白色的黏液流出，有别于枯萎病。

（3）**番茄茎基腐病** 番茄茎基腐病的病原为立枯丝核菌(*Rhizoctonia solani*)，属担子菌无性型丝核菌属真菌。

幼苗发病后，首先茎基部变褐色，随后病部收缩变细，进而中上部茎叶逐渐发生萎蔫下垂和枯死现象。开始发病时，病苗白天萎蔫，夜晚可恢复，数日后，当病斑环绕茎一周时，幼苗便逐渐枯死，不倒伏。植株发病后，发病部位初亦呈暗褐色，后绕茎基部或向根部扩展。致皮层腐烂，地上部叶、花、果逐渐变色，停止生长。在果实膨大后期发生该病，植株迅速萎蔫枯死，似青枯病症状，但患病部位无菌脓。另外，发病部位常出现同心的椭圆形轮纹或不规则形褐色病斑，后期易出现淡褐色病斑及霉状物。

（4）**番茄疫霉根腐病** 番茄疫霉根腐病由寄生疫霉（*Phytoohthora parasitica* Dast）和辣椒疫霉（*Phytoohthora capsici* Leonian）引起，病菌均属卵菌门疫霉属。

5

番茄疫霉根腐病一般在定植后开始发病，刚发病时，植株中午萎蔫，早晚恢复正常，反复多次，萎蔫加剧，最后植株枯萎死亡，而嫩叶仍保持绿色。番茄根腐病在苗期和成株期均可发生，以苗期与花果盛期为主。苗期症状：幼苗茎基部或根部产生水渍状病斑，继而绕茎或根扩展，引起幼苗死亡或茎基部缢缩呈线状而使幼苗倒地死亡。成株期症状：初期在茎基部或根部产生长条形水渍状褐色病斑，地上部无明显症状。病斑逐渐扩大，稍凹陷，地上部长势减弱，开始萎蔫，植株下部叶片先由叶尖开始逐渐变黄，后期病斑绕茎基部或根部一周，致地上部枯萎，下部叶片枯黄，但上部叶片仍呈绿色。纵剖茎基或根部，木质部呈水渍状深褐色，变色部分不向上发展，最后根颈腐烂，不长新根，使整株枯死。高温条件下病部产生白色绵絮状稀疏的霉状物。

（5）**番茄青枯病**　番茄青枯病的病原为茄劳尔氏菌（*Ralstonia solanacearum*），属细菌。

苗期一般不发病，定植后植株长至30厘米高时开始发病。发病初期，顶部嫩梢及叶片白天萎蔫下垂，傍晚以后恢复正常，如此反复，几天后，全株叶片缺水萎蔫下垂，7天左右植株枯死。田间湿度大时，致死时间长些，若遇上土壤干燥、气温增高，病株萎蔫致死时间变短。植株枯死时仍然保持绿色，仅叶片色泽变淡，枝叶下垂。病株下部茎表皮变得粗糙，有时会长出不定根。用小刀横切茎部，可见维管束变成褐色，用手挤压切口处，可见到溢出污浊的菌液。发病中心株在田间呈不均匀多点分布，还会扩大侵染范围，感染相邻健康株。

番茄青枯病症状

（6）番茄根结线虫病　番茄根结线虫病病原为南方根结线虫（*Meloidogyne incognita*），属动物界线虫门。病原线虫雌雄异形，幼虫细长蠕虫状。雌虫体白，呈卵圆形或鸭梨形，体形不对称，颈部通常向腹面弯曲，排泄孔位于口针基部球处，会阴花纹呈卵圆形或椭圆形，背弓纹明显高，弓顶平或稍圆，背纹紧密或稀疏，由平滑到波浪形的线纹组成，一些线纹向侧面分叉，但无明显侧线，无翼，无刻点，腹纹较平或圆，光滑。雄虫细长，虫体透明，交合刺细长，末端尖，弯曲成弓状。南方根结线虫有4个生理小种，小种具有寄主专化性，而且不同小种对同一植株（品种）的致病力也不同。

线虫主要为害根部。病部产生大小不一、形状不定的肥肿、畸形瘤状结。剖开根结有乳白色线虫，多在根结上部产生新根，再侵染后又形成根结状肿瘤。发病轻时，地上部症状不明显，发病严重时植株矮小，发育不良，叶片变黄，结果小。高温干旱时病株出现萎蔫或提前枯死。

番茄根结线虫病症状

2. 土壤熏蒸的必要性

番茄土传病虫发生种类繁多，多年连茬种植，导致土传病虫累积严重，传统控制土传病虫害一般采用灌根的方法，需要多次用药，并且效果一般，而且极易引起农药残留超标问题。而土壤熏蒸处理的方法是在作物种植前对土壤进行用药，能有效控制土传病虫害的发生，解决作物连作障碍问题，增强作物抗病性，显著提高果品产量和品质，显著降低作物生育期其他病虫草害的发生和农药使用量。所采用的熏蒸剂分子量小、降解快，无地下水污染和农药残留问题，有利于环境保护和食品安全。

1. 化学土壤熏蒸剂的特点

土壤化学熏蒸处理是将熏蒸剂注入土壤，熏蒸剂可以均匀分布到土壤的各个角落，可快速、高效杀灭土壤中的真菌、细菌、线虫、杂草、土传病毒、地下害虫及啮齿类动物，是解决高经济附加值作物重茬问题，提高作物产量及品质的重要手段。在种植作物之前，土壤熏蒸剂在土壤中已分解、挥发，不会对作物造成药害。不像常规农药那样需要与植物直接接触而带来农药残留、地下水污染、抗药性产生等一系列问题，能很好地保护农业生态环境，保障农业的可持续发展。

2. 土壤中有益微生物的恢复

土壤熏蒸技术具有无选择性的灭杀特性，将有害的和有益的生物都一并杀灭。目前只对顽固的土传病虫害，是最有效的措施。国外研究发现，熏蒸后的土壤2～3个月可自然恢复微生物菌群，且植物的长势好，抵抗力也大为增强，可大幅度提高作物的产量和品质。

3.土壤熏蒸技术的应用前景

土壤熏蒸技术的应用可以大大减少土传病虫害的发生，减少作物生长期用药。美国每年销量前10位的农药中，有4种是土壤熏蒸剂。在日本，每年仅氯化苦土壤熏蒸剂的用量就达到1万吨。而我国每年土壤熏蒸剂的用量仅为3 000吨，可以预见，土壤熏蒸技术在我国发展潜力巨大。

三、番茄田土壤熏蒸剂的种类

目前番茄上登记的可用于种植前土壤熏蒸的药剂主要有氯化苦、棉隆、威百亩、噻唑磷、氰氨化钙等。

1. 氯化苦

氯化苦(chloropicrin)化学名称为三氯硝基甲烷，分子式为CCl_3NO_2。

理化性质：外观为无色或淡黄色液体，有刺激性气味。沸点112.4℃，熔点-64℃。无爆炸和燃烧性，难溶于水，可溶于丙酮、苯、乙醚、乙醇和石

油。化学性质稳定，吸附力很强，特别是在潮湿的物体上可保持很久。

毒性：按照我国农药毒性分级标准，氯化苦属于高毒，具催泪作用，可强烈刺激呼吸器官和消化系统，对皮肤有腐蚀作用。在含2毫克/升氯化苦的空气中暴露10分钟或含0.8毫克/升氯化苦的空气中暴露30分钟能使人致死，但因强烈刺激黏膜引起流泪，可及时发现避免致死情况发生。雌性大鼠急性经口 LD_{50} 为126毫克/千克，雄性小鼠急性经口 LD_{50} 为271毫克/千克，室内空气中最高允许浓度为1毫克/米^3。

作用特点：氯化苦使用范围仅限于土壤熏蒸剂，对真菌、细菌、昆虫、螨类和鼠类均有杀灭作用，尤其对重茬病害效果最好。

制剂：国内获得生产许可和销售资质的厂家为辽宁省大连绿峰化学股份有限公司。剂型为99.5%氯化苦原液及胶囊。

使用注意事项：

（1）该药附着力较强，必须有足够的散气时间，才能使毒气散尽。

（2）种子的胚部对氯化苦吸收力最强，熏蒸后影响发芽率，种子含水量越高，发芽率降低越多。因此，土壤熏蒸后，在播种前需要做种子发芽试验。

（3）在作物定植前进行土壤熏蒸，每个作物周期最多1次，在作物生长期，严禁使用该药剂。氯化苦胶囊可在作物生长期用于发病中心"打补丁"。

（4）如使用碱性肥料，必须在该药剂完全挥发后施用。土壤熏蒸的覆膜时间及熏蒸效果取决于土壤的种类、温度、湿度及作物种类等。

（5）氯化苦对铜有很强的腐蚀性，使用时对设施内的电源开关、灯头等裸露器材设备应涂上凡士林加以保护。使用后的注射器、动力机应立即用煤油等进行清洗。

（6）该药有极强的催泪性，在使用时必须佩戴防毒面具和手套，注意风向，在上风头作业。

（7）吸入毒气浓度较大时，会引起呕吐、腹痛、腹泻、肺水肿；皮肤接触可造成灼伤。如发现中毒症状应采取急救措施，给中毒者吸氧，严禁人工呼吸。眼睛受到刺激后用硼酸或硫酸钠溶液清洗。

2. 棉隆

棉隆(dazomet)又名必速灭。化学名称为3,5-二甲基-1,3,5-噻二嗪-2-硫酮，分子式为$C_5H_{10}N_2S_2$。

理化性质：原粉为灰白色针状结晶，纯度为98%～100%，熔点104～105℃。溶解度(20℃)分别为水中0.3%、丙酮17.3%、氯仿39.1%、乙醇1.5%、二乙醚0.6%、环乙烷40%、苯5.1%。常规条件下储存稳定，遇湿易分解。

毒性：按照我国农药毒性分级标准，棉隆属于低毒。大鼠急性经口LD_{50}为562毫克/千克；急性经皮LD_{50}大于2 000毫克/千克。对眼睛黏膜和皮肤均无刺激性，弱致敏性。在试验剂量内，对动物无致畸、致癌作用。对鲤鱼LC_{50}（48小时）为10毫克/升，对蜜蜂无毒害。

作用特点：棉隆是一种广谱土壤熏蒸剂，对病菌、线虫、杂草及地下害虫均有杀灭作用。该药剂易在土壤及其他基质中扩散，尤其是杀线虫作用全面而持久，并能与肥料混用，该药剂使用范围广，不会在植物体内残留。

制剂：国内生产厂家主要有江苏南通施壮化工有限公司，登记的主要剂型有98%微粒剂和98%原药。

使用注意事项：

（1）棉隆为土壤熏蒸剂，对植物有杀伤作用，不可施用于作物表面或拌种。

（2）棉隆施于土壤后，受土壤温度、湿度及土壤结构影响甚大，为了保障获得良好的防治效果并避免产生药害，土壤温度以12～15℃为宜，土壤含水量应保持在40%～70%。

（3）该药对鱼有毒性，使用时应远离鱼塘。

（4）为避免处理后的土壤被污染，基肥应在施药前加入，揭膜时不要将未消毒的土壤带入田中，并避免通过鞋、衣服或劳动工具等将未消毒的土壤或杂物带入。

3. 威百亩

威百亩（metham-sodium）又名维巴姆、线克、斯美地、保丰收。化学名称为N-甲基二硫代氨基甲酸钠，分子式为$C_2H_4NNaS_2 \cdot 2H_2O$，是一种具有杀线虫、杀菌、杀虫和除草活性的土壤熏蒸剂。

理化性质：威百亩二水化合物为无色晶体，其溶解度（20 ℃）水中为722克/升，在乙醇中有一定的溶解度，在其他有机溶剂中几乎不溶。浓溶液稳定，但稀释后不稳定，土壤、酸和重金属盐促进其分解。与酸接触释放出有毒气体，水溶液对铜、锌等金属有腐蚀性。

毒性：大鼠急性经口LD_{50}雄性为1 800毫克/千克，雌性为1 700毫克/千克；兔急性经皮LD$_{50}$为130毫克/千克。对皮肤有轻微刺激，刺激眼睛、皮肤和器官，与其接触按烧伤处理。对水生生物极毒，可能导致对水生环境的长期不良影响。

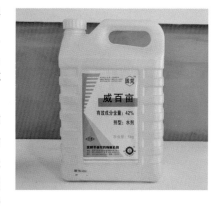

作用特点：威百亩为具有熏蒸作用的土壤杀菌剂、杀线虫剂，兼具除草和杀虫作用，用于播种前土壤处理。对黄瓜根结线虫、花生根结线虫、烟草线虫、棉花黄萎病、苹果紫纹羽病、十字花科蔬菜根肿病等均有效，对马唐、看麦娘、马齿苋、豚草、狗牙根、石茅和莎草等杂草也有很好的效果。

制剂：国内生产厂家有利民化工股份有限公司、辽宁省沈阳丰收农药有限公司，主要剂型有35%、42%威百亩水剂。

使用注意事项：

（1）威百亩若用量和施药方式不当，对作物易产生药害，应特别注意。

（2）该药在稀溶液中易分解，使用时应现配。

（3）该药能与金属盐起反应，在包装时应避免用金属器具。

（4）不能与波尔多液、石硫合剂及其他含钙的农药混用。

该药能与金属盐起反应，在包装时应避免用金属器具。

4. 噻唑磷

噻唑磷（fosthiazate）又名福气多，化学名称为O-乙基-S-仲丁基-2-氧代-1，3-噻唑烷-3-基硫代膦酸酯，分子式为$C_9H_{18}NO_3PS_2$，是由日本石原产业公司研制，现由日本石原公司和先正达公司共同开发的非熏蒸型硫代膦酸酯类杀虫、杀线虫剂。

理化性质：纯品为深黄色液体（原药为浅棕色液体），沸点198℃（66.7帕）。相对密度（20℃）1.240。蒸气压0.56毫帕（25℃）。辛醇-水分配系数为1.68。溶解度为水9.85克/升（20℃），正己烷15.14克/升（20℃）。

毒性：急性经口LD_{50}雄性大鼠73毫克/千克，雌性大鼠57毫克/千克。急性经皮LD_{50}雄性大鼠2 396毫克/千克，雌性大鼠861毫克/千克。

作用特点：

（1）杀线虫范围广，对根结线虫、根腐线虫、茎线虫、胞囊线虫等都有很好的防治效果。

（2）对线虫的运动具有强力的阻害及杀线虫力。药效稳定，效果好。

（3）在植物中有很好的传导作用，能有效防止线虫侵入植物体内，对已侵入植物体内的线虫也能有效杀死。同时对地上部的害虫，如蚜虫、叶螨、蓟马等也有兼治效果。

（4）杀线虫持效期长，一年生作物2～3个月，多年生作物4～6个月。

（5）杀线虫效果不受土壤条件的影响。剂型使用方便，不需换气。药剂处理后能直接定植。

（6）对人畜安全，对土壤中的有益微生物几乎没有影响，对环境无污染。

制剂：国内生产厂家较多，如河北威远生化农药有限公司、山东联合农药工业有限公司，主要剂型有5%、10%、15%噻唑磷颗粒剂，30%噻唑磷微囊悬浮剂。

　　使用注意事项：

　　（1）使用方法不当，超量使用或土壤水分过多时容易引起药害，按推荐剂量正确使用。

　　（2）对蚕有毒性，勿使药液飞散到桑园。

5. 氰氨化钙

　　氰氨化钙俗名石灰氮或庄伯伯，分子式为$CaCN_2$。在土壤中与水反应，先生成氢氧化钙和氰胺，氰胺水解生成尿素，最后分解成氨。在碱性土壤中，形成的氰胺可进一步聚合成双氰胺。氰胺和双氰胺都具有消毒、灭虫、防病的作用。因此可以起到防治土壤中土传病害、线虫、害虫及杂草的作用。

理化性质：氰氨化钙纯品为白色结晶，不纯品呈灰黑色，有特殊臭味。熔点1 300 ℃，沸点1 150 ℃（升华），密度2.29克/厘米³，相对密度（水=1）1.08，不溶于水，但可以分解。

毒性：急性毒性小鼠经口LD_{50}为334毫克/千克；大鼠经口LD_{50}为158毫克/千克。

作用特点：氰氨化钙在土壤中不但具有缓释氮肥、高效长效钙肥的作用，而且具有减少土传病害、驱避杀死地下害虫、抑制杂草萌发、改良土壤、提高土壤肥力和作物品质等作用。同时其在土壤中与水反应，先生

成氢氧化钙和氰胺，氰胺水解生成尿素，最后分解成氨。在碱性土壤中，形成的氰胺可进一步聚合成双氰胺。氰胺和双氰胺都具有消毒、灭虫、

防病的作用。因此可以起到防治土壤中土传病害、线虫、害虫及杂草的作用。另外其还可以促进有机物腐熟，从而达到改良土壤的目的。

制剂：国内生产厂家有宁夏大荣化工冶金有限公司，主要剂型有50%氰氨化钙颗粒剂。

使用注意事项：

（1）氰氨化钙施入土壤后，遇水转化成尿素的过程中，其中间产物单氰胺（H_2CN_2）会对作物造成伤害。因此，施用氰氨化钙后需要一定的等待时间，使单氰胺完全转化成尿素后，才能播种或定植作物。一般施用3千克氰氨化钙需要等待1天时间，具体等待时间根据实际的使用量进行计算。

（2）氰氨化钙是含氮19.8%和含氧化钙50%的碱性肥料，施肥时根据当地农业技术人员指导平衡施肥，不要将本品与酸性肥料一起使用。

（3）在撒施氰氨化钙时注意不要使其接触周围的作物，否则容易造成伤害。

四、土壤熏蒸施药技术

1. 氯化苦注射施药法

农业行业标准《NY/T2725—2015 氯化苦土壤消毒技术规程》已于2015年8月正式颁布实施。

氯化苦注射施药法即将液体氯化苦熏蒸剂通过特制的注射施药器械将药剂均匀地施入土壤中，目前有手动和机动专用施药器两种。

（1）施药量 根据重茬时间的长短不同，每平方米推荐使用99.5%氯化苦液剂50～80克。

（2）土壤条件 在土壤熏蒸前2～6天将土壤浇透水。黏性土壤提前4～6天浇水，沙性土壤提前2～4天浇水。如已下雨，土壤耕层基本湿透，可省去该步骤。

浇水后，当土壤相对湿度为65%左右时，进行旋耕。旋耕时充分碎土，清除田间土壤中的植物残根、秸秆和大的土块、石块等（旋耕后土壤湿度保持在65%左右，衡量标准为手握成团、松开落地即散）。

（3）注射施药

手动器械注射施药

动力机械注射施药

①**手动器械注射施药法**：将药剂注入地表下15～30厘米深的土壤中，注入点间距为30厘米，将药剂均匀注入土壤内，每孔用药量2～3毫升，边注入边用脚将注药穴孔踩实，操作人员须逆风向行进操作。该方法操作简单，但功效较低，适用于小面积施药。

②**动力机械注射施药法**：动力机械注射施药法是通过机械动力驱动，用"凿式"结构的注射装置将药剂注入土壤。在确定施药量后，调节好注射量后，将药桶置于专用的施药机械上，该机械需配置6马力*以上的拖拉机。每隔30厘米注药2～3毫升，注射深度为15～30厘米，根据作物扎根深度可适当加深。

（4）**覆盖塑料薄膜** 为了防止药剂挥发，每完成一块地施药需要立即覆盖塑料膜。覆盖塑料膜应按照膜的宽度，在施药前提前开沟，将膜反压后用土盖实，防止漏气，在塑料薄膜上面适当加压部分袋装、封好

---

* 马力为非法定计量单位，1马力≈735瓦，全书同。

口的土壤或沙子（0.25～0.5 千克），以防刮风时将塑料薄膜刮起或刮破，

覆盖塑料薄膜

发现塑料薄膜破损后需及时修补。塑料薄膜应采用0.03 ~ 0.04毫米的原生膜，不得使用再生膜。

（5）揭膜　温度越低，覆盖塑料膜的时间应越长，在夏季，通常覆膜时间为7 ~ 14天。揭膜时，先掀开膜的两端，通风1天后，再完全揭开塑料膜，揭膜后的散气时间一般为7 ~ 14天。

注意计算好开始熏蒸的时间，以保障有足够的熏蒸和散气时间，且不耽误播种。为了使土壤中残存的药剂散尽，可用清洁的旋耕机再次旋耕土壤。确定药剂已全部散尽后(可做蔬菜种子发芽率对比测试)，开始起垄、移栽。

土壤10厘米处温度（℃）	密封时间（天）	通气时间（天）
>25	7~10	5~7
15~25	10~15	7~10
12~15	15~20	10~15

（6）注意事项

4时至10时

16时至20时

①**适宜的天气**：适宜熏蒸的土壤温度是土表以下15厘米处15～20℃。

避免在极端天气下(低于10℃或高于30℃)进行熏蒸操作，夏天尽量避开中午天气炎热时段施药。

②**作业环境**：向手动注射器内注药时应避开人群，杜绝围观，禁止儿童在施药区附近玩耍。将注射器出药口插入地下。施药时必须逆风向作业。无明显风力的小面积低洼地且旁边有其他作物时不宜施药。施药地块周边有其他作物时，需要边注药边盖膜，防止农药扩散影响周边作物的生长。

③**安全防护措施：**施药人员进行配药和施药时，需戴手套，严禁光脚和裸露皮肤，必须佩戴有效的防毒面具、防护眼镜及防护隔离服。

防护眼镜

防毒口罩

④**培训**：施药人员需经过安全技术培训，培训合格后方能操作。

培训土壤熏蒸施药作业人员

⑤**器械清洗和废弃物处理**：施药后，器械应用煤油冲刷，防止腐蚀；手动注射工具，使用半天后就需要清洗。严禁在河流、养殖池塘、水源上游、浇地水沟内清洗施药器械及包装物品。施药后用过的包装材料应收集在一起，集中进行无害化处理。

无害化处理施药
后的废弃物

⑥**氯化苦的储藏：** 氯化苦药剂应存放在干燥通风的库房内，远离火种、热源、氧化剂、强还原剂、发烟硫酸等，不得与食物、饲料等混放。存储时间不超过2年。

⑦**氯化苦的运输**：氯化苦属于危险类化学品，是国家公安、安检部门专项管理的产品，需由专门的危险品运输车辆运输，严禁私自运输。装卸时应轻拿轻放，防止包装破损，运输过程中应用棚布盖严，以防阳光直射或受潮。

2. 棉隆混土施药法

混 土

该方法简便易行，可借助机械实现大量、快速施药，主要优点为：

☆ 高效：一台大型施药机1小时施药面积可达1公顷；

☆ 安全性好：对施药人员安全；

☆ 简便、易掌握；

☆ 施药成本低。

棉隆混土施药法主要分为4个步骤：撒施→混土→浇水→覆膜。

（1）撒施　棉隆的用量受土壤质地、温度和湿度的影响，通常番茄田推荐用量为29.4 ～ 44.1克 /米²。施药前应仔细整地，去除病残体及大的土块，撒施或沟施。

撒　施

（2）混土 混土过程主要通过旋耕机完成，旋耕深度应达到30～40厘米，使药剂与土壤充分混合均匀。

混 土

（3）浇水　施用棉隆后应浇水，水分应保持在70%以上，土壤10厘米处的温度最好在12℃以上。

浇　水

（4）**覆膜**　覆膜的程序和要求与氯化苦注射施药法相同。塑料薄膜应采用0.03～0.04毫米厚的原生膜，不得使用再生膜。棉隆应于播种或移栽前至少4周使用。

覆　膜

土壤10厘米处温度(℃)	盖膜密封时间(天)	揭膜散气时间(天)
>25	10~15	7~10
15~25	15~20	10~15
10~15	20~30	15~20

安全施药注意事项：

（1）严禁使用棉隆拌种；

（2）人工撒施需戴手套操作；

（3）揭膜后应保证充分的散气时间，以免作物出现药害；

（4）施药后用过的包装材料应收集在一起，集中进行无害化处理。

3. 威百亩化学灌溉法

化学灌溉是用滴灌施用农药的一种精确施药技术，可施用威百亩等液体药剂。化学灌溉法具有下列优点：

☆ 施药均匀；

☆ 可按农药规定的剂量精确施药；

☆ 可将不同的农药品种混合使用；

☆ 减少土壤板结；

☆ 减少农药对施用者的危害；

☆ 减少农药用量；

☆ 减少施药人员的劳动强度。

威百亩化学灌溉

（1）**施药量** 防治对象不同，使用剂量有很大的差别。一般使用有效剂量为35毫升/米²，合35%水剂约100毫升/米²。

（2）**土壤条件** 彻底移除前一季的剩余作物残渣。深耕（30～40厘米）并施用适宜剂量的肥料。施用天然有机肥如粪便之后至少留3周的等待期再施用威百亩，以避免威百亩被肥料吸收进而引起其使用效果的下降。用水漫灌土壤，土壤可在空气中稍微风干。轻沙质土风干时间为4～5天，重黏质土为7～10天。土壤采用旋耕机耕作，以保持土壤在处理前适度均匀、通气。土壤质地、湿度和土壤pH对威百亩的释放有影响。在处理前，应确保无大土块；土壤湿度必须为50%～75%，在表土5.0～7.5厘米处的土温为5～32℃。

防治对象不同，使用剂量有很大的差别。一般使用有效剂量为35毫升/米²，合35%水剂约100毫升/米²。防治根结线虫，用量需进一步提高。

（3）施药时间　夏季避开中午天气暴热时施药。

（4）施药方法　首先安装好滴灌设备，滴灌系统可安装在平地或隆起的种植床上。无论哪种情况，毛管的长度和数量应该与供水管的尺寸匹配。平铺滴灌系统设计：推荐在平地上施用威百亩，塑料膜应紧贴土壤以确保威百亩良好地渗透进土壤从而达到最佳的熏蒸效果。当熏蒸剂散发尽后再起垄番茄苗床。与滴灌管线的最大距离须保持在40厘米以内（25～30厘米为佳），以确保土壤中活性成分的散布和覆盖。垄畦上的滴灌系统设计：威百亩在番茄等垄畦作物上的施药比平床更实用，但会导致不足量的药品在土壤中分布。为了克服药品量分布的不足，塑料膜应紧贴在种植床的两侧（熏蒸前保持65%的土壤水分）。

安装好的滴灌设备

调节好滴灌管线的距离

安装好灌溉系统后，在田地四边挖沟。土壤用聚乙烯膜覆盖。强烈推荐采用防渗透膜，因其可以减少熏蒸剂穿透膜的损失并且可以降低熏蒸剂的使用量而达到较好的防效。塑料膜需牢牢地或密封地固定在土壤上，以保持土壤最适宜的温度和湿度。

覆盖塑料膜并固定

建议由土壤熏蒸专业人员进行威百亩施药，施用步骤如下：
①灌溉几分钟以湿润土壤，建立灌溉系统压力。

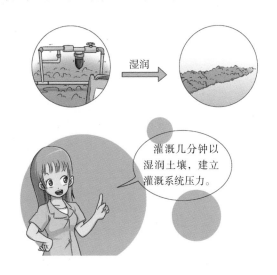

湿润

灌溉几分钟以
湿润土壤，建立
灌溉系统压力。

②威百亩采取5%～10%的稀释比例（由于威百亩在稀溶液中很不稳定，稀释比例不得低于4%），采用不锈钢正排量注射泵，每1 000米² 150升的施用量。以上述稀释比例，施药持续时间每1 000米²不超过10～15分钟。如结合太阳能消毒，施药量可降至每1 000米² 100～120升。

③施药完成后，以施药期间三倍的水量灌溉土壤一段时间。这样可以确保威百亩以及它的副产物迁移到目标根深度（大约25厘米）并可以冲洗灌溉系统。

需要特别注意的是通过吸肥器施药时，应防止药液倒流入水源而造成污染。因此，通过滴灌施用农药，应有防水流倒流装置。在关闭滴灌系统前，应先关闭施药系统，待用清水继续滴灌20～30分钟后，再关闭滴灌系统。如果无防止水流倒流装置，可先将水放入一个至少100升的储存桶中，或用塑料布建一个简易水池，然后将水泵施入储存桶或水池中。

（5）消毒时间及散气　施用威百亩后，塑料膜需在土壤中保留21天以达到最佳的处理效果和最小的作物药害，等候期不需浇水。21天后，可移除塑料膜，需小心避免带入未覆盖区域的土壤而造成处理区土壤再次污染，散气7～10天后整地、进行药害测试、移栽。

4. 噻唑磷施药法

噻唑磷乳油可以通过灌根的方法施用，噻唑磷颗粒剂可以通过土壤撒施的方法施用。

10%噻唑磷颗粒剂的使用：种植前每667米²用药剂1.5～2千克，拌细干土40～50千克，均匀撒于土表或畦面，再用旋耕机或工具将药剂和土壤充分混合，药剂和土壤混合深度需达20厘米。也可均匀撒在沟内或定植穴内，再浅覆土。施药后当日即可播种或定植。

5. 氰氨化钙施药法

（1）施药量　防治对象不同，使用剂量有很大差别。

作物名称	每667米² 使用量（千克）	使用时间	等待天数（天）
十字花科作物	30~70	播种或定植前	10~25
瓜类作物	30~40	播种或定植前	10~15
茄果类作物	40~60	播种或定植前	15~22
生菜、菠菜、芹菜等叶菜类作物	30~40	播种或定植前	10~15
葱、姜、蒜等	30~70	播种或定植前	10~25
草莓	30~40	播种或定植前	10~15
花卉	30~60	播种或定植前	10~15
烟草	30~60	播种或定植前	10~22
果树	30~40	播种或定植前	春季萌芽前10~15天或秋季采收后

（2）使用时间　对于一年生作物在播种或定植前使用，对于多年生作物在萌芽前使用。

（3）使用方法

土壤消毒法：氰氨化钙＋水＋太阳能＋有机肥或秸秆。

①施用时间：在4～10月选择连续3～4天都是晴天天气进行（防治根结线虫一定要在7～8月选择连续3～4天都是晴天进行）。

②田间清洁：清理前茬作物。

③施药：将氰氨化钙均匀撒施于土壤表面。

④施肥：将有机肥或秸秆均匀撒施于土壤表面。防治根结线虫一定要撒施稻草或麦秸，每667米²撒施800～1000千克。

⑤翻耕：机械或人工翻耕20厘米（防治根结线虫要求翻耕30厘米），使药剂与土壤、有机肥或秸秆等混合均匀。

⑥起垄：起高30厘米，宽60～80厘米的垄。

⑦盖膜：覆盖白色或黑色塑料膜。

⑧**浇水**：在垄间膜下浇水，浇水量到距垄肩5厘米为宜。

⑨**闷棚**：非大棚土壤消毒要盖好塑料膜，保证塑料膜不透风；温室大棚土壤消毒不但要盖好塑料膜，而且一定要密封大棚。

⑩**土壤消毒天数**：一般每667米²施用3千克氰氨化钙需要1天的分解期，分解期内要保持土壤湿润，如土壤缺水要及时补水，确保土壤田间相对持水量70%以上。安全分解期过后揭膜，松土降温1～2天后就可定植或播种作物。

五、土壤熏蒸技术要点

土壤翻耕、土壤温度、土壤湿度、气候情况对土壤熏蒸效果有很大的影响，具体技术要点如下：

1. 深耕土壤

正确的土壤准备是保证土壤熏蒸效果的最重要因素。土壤需仔细翻耕，如苗床一样，无作物秸秆、无大的土块，特别应清除土壤中的残根。因为药剂一般不能穿透残根、杀死残根中的病原菌。土壤疏松深度35厘米以上。保持土壤的通透性将有助于熏蒸剂在土壤中的移动，从而达到均匀消毒的效果。

2. 土壤温度

土壤温度对熏蒸剂在土壤中的移动有很大的影响。同时土壤温度也影响土壤中活的生物体。适宜的土壤温度有助于熏蒸剂的移动。如果温度太低，熏蒸剂移动较慢；温度太高，则熏蒸剂移动加快。适宜的温度可让靶标生物处于"活的"状态，以利于更好地杀灭。通常适宜的土温是土壤15厘米处15 ~ 20 ℃。

通常适宜的土温是土壤15厘米处15 ~ 20 ℃。

3. 土壤湿度

适宜的土壤湿度可确保杂草的种皮软化，使有害生物处于"活的"状态，有充足的湿度"活化"熏蒸剂，如威百亩和棉隆。此外，适宜的湿度有助于熏蒸剂在土壤中的移动。通常土壤相对湿

通常土壤相对湿度应在60%左右。为了获得理想的含水量，可在熏蒸前进行灌溉，或雨后几天再进行土壤熏蒸。

度应在60%左右。为了获得理想的含水量，可在熏蒸前进行灌溉，或雨后几天再进行土壤熏蒸。在熏蒸前后，过分地灌溉则破坏土壤的通透性，不利于熏蒸剂在土壤中的移动。

4. 薄膜准备

由于熏蒸剂都易气化，并且穿透性强，因此薄膜的质量显著影响熏蒸的效果。推荐使用厚0.04厘米以上的原生膜，不推荐使用再生膜。如果塑料布破损或变薄，需要用宽的塑料胶带进行修补。当前最有效的塑料膜是不渗透膜，可大幅度减少熏蒸剂的用量。薄膜覆盖时，应全田覆盖，不留死角。薄膜相连处，应采用反埋法。为了防止四周塑料布漏气，如条件许可，可在塑料布四周浇水，以阻止气体从四周渗漏。如棚中有柱，应将柱周围的土壤也消毒，不留未熏蒸土壤。

覆盖塑料薄膜

有柱的棚室中覆盖塑料薄膜

5. 气候状况对熏蒸效果的影响

不要在极端的气候状况下熏蒸。大的降水或低温状况（如低于10℃）将减慢熏蒸剂在土壤中的移动。在极端的情况下，将导致作物产生药害。高温（高于30℃）将加速熏蒸剂的外逸，意味着有害生物不能充分接触熏蒸剂，将导致效果降低。

六、土壤熏蒸后的田间清洁化管理

1. 无病种苗的培育

（1）无病种苗的培育　根据本地蔬菜病虫害的发生发展情况，选用适宜本地区栽培的抗病品种，做到良种配良法。

（2）种子种苗消毒

①**种子消毒**：播种前进行种子消毒，如温汤浸种、高温干热消毒、药剂拌种、药液浸种等方法，能够减轻或抑制病害发生。

②**种苗消毒**：主要是对苗床进行消毒，可以采用蒸气消毒、化学消毒等措施。

（3）**基质育苗**　采用基质育苗，可防止土传病害随土侵染种苗。目前，已有商品化的基质育苗块出售。

2. 熏蒸后田园卫生的管理

土壤熏蒸之后，避免病虫害的再侵入是至关重要的。洁净的水源至关重要，许多病原菌都能通过浇水和灌溉进行传播。

3. 熏蒸后种植时间

熏蒸后种植时间依赖于处理后的散气时间，应保证熏蒸剂完全散发，以免种植作物时出现药害。熏蒸后种植时间很大程度上与熏蒸剂的特性和土壤状况有关，如土壤温度和湿度。当温度低、湿度高时，应增加散气时间；当温度高、湿度低时，可减少散气时间；高有机质土壤应增加散气时间；黏土比沙土需要更长的散气时间。

七、日光温室番茄高产栽培技术

1. 番茄种苗培育

选择抗病毒病、疫病等病害，综合抗病性强的品种。农户自行开展育苗，应确保种子以及育苗基质的洁净，不携带病菌，棚内育苗床要严格控制温度和水分。也可直接通过育苗工厂购买商业化种苗。

番茄育苗

番茄育苗

2. 整地施肥

一般在土壤消毒后不推荐再使用农家肥，在土壤消毒前可以先施入农家肥，一同进行土壤消毒，消毒以后可以施用商品有机肥。一次性施足基肥，每亩有机肥用量300 ~ 500千克。

土壤消毒后施用有机肥

3. 移栽定植

在定植之前，需准备好苗床和灌溉设施。在苗床上适量浇水后开始定植，根据苗床的宽度适当调整栽培密度。华北地区秋冬番茄一般8月中旬定植，采取小高畦、大小行的方式，80厘米大行距，40厘米小行距，双行定植, 地膜覆盖。每亩定植3 300 ~ 3 800株, 株距25 ~ 30厘米。

番茄移栽定植

4. 田间管理

(1) 环境控制 在番茄花期, 适宜的气温是白天25 ~ 30℃, 夜间

15 ~ 20℃，低于15℃或高于30℃，均易造成落花落果或生理畸形果。因此，如果温度过高，白天就应遮阳或加大通风。温度过低，晚上应加膜覆盖。适宜的昼夜温差是12 ~ 20℃。

（2）剪枝剪叶　适时剪枝对番茄产量和果实品质非常重要。当最长侧枝达14厘米时，可以开始剪枝，每周必须定时清除侧枝。若不及时剪枝，会造成番茄产量下降。侧枝生长非常迅速，尤其在夏季，它们会消耗主枝上果实的营养。

对植株生长和果实品质来说，剪叶是一项必要的操作。番茄最适叶片数随日照饱和度、植株密度、栽培品种和季节而不同。在温室，我们应调整植株叶片数以保证其获得最大收益。冬季，叶片应保持在10 ~ 12片，因为此时日照缩短，光强减弱。当天气渐暖，日照变长时，植株叶片数应当增加。

（3）肥水管理　日光温室应安装滴灌施肥施药系统，既能提高施肥施药效率，也能减少病害随水的传播。定植后3 ~ 4天灌一次缓苗水，并及时中耕松土，以增加土壤透性，提高土温，保持土壤水分，促使根系向纵深发展，缩短缓苗期。植株进入生殖生长盛期，需水、肥量大，要增施钾肥，协调氮、磷、钾比例，促进植株对氮、磷肥的吸收利用，及时追肥灌水。

使用滴灌设备施肥灌水

（4）**授粉受精** 授粉的成功与否与温度密切相关。番茄花粉在10℃以上时可以萌发，但当温度降到15℃以下时，其坐果率将会下降。超过40℃高温时，花粉不能发育，将不会结果。适宜授粉温度分别为白天19～26℃、夜间14～18℃。适宜授粉湿度分别为白天70%、夜间80%～82%。

番茄开花后授粉

（5）**病虫害管理** 番茄生育期做好病虫害的防治工作，常见的病虫害有烟粉虱、甜菜夜蛾、灰霉病、晚疫病、病毒病、脐腐病。结合化学、物理、生物等多种防治手段，主要做好病虫害的预防工作，如安装防虫网、诱虫板。

安装黄板诱杀害虫

（6）低温冻害预防　一般秋冬岔番茄，由于入冬后温度较低，会影响其生长，此阶段主要依靠温室的保温，同时可以使用一些提高番茄抗逆性、抗寒性的药剂，来促进番茄的生长，增加其抗病性和抗逆性。

喷施药剂预防冻害

八、番茄生长期其他病虫害防治

1. 烟粉虱

烟粉虱〔*Bemisia tabaci* (Gennadius)〕是一种世界性的害虫，寄主范围广泛，寄主植物有74科500余种。烟粉虱对蔬菜等寄主植物的危害主要表现为：①以成虫和若虫吸食植物汁液，被害植物叶片变黄萎蔫，甚至全株死亡；②若虫和

烟粉虱为害状

成虫分泌蜜露，由于种群数量大，群聚为害，分泌的大量蜜露严重污染叶片和果实，往往引起煤污病的发生，影响光合作用，影响果实品质；③传播病毒病。

针对烟粉虱的防治要强调综合防治，注重结合农业防治和生物防治，大面积发生时，可采用化学药剂进行应急防控。

（1）**农业防治和物理防治**　在温室、大棚的门窗或通风口悬挂白色或银白色的塑料条，可驱避烟粉虱成虫，此外入口处和通风口均要安装防虫网，同时在室内悬挂诱虫板。

（2）**生物防治**　丽蚜小蜂是烟粉虱的有效天敌，许多国家通过释放该蜂，并配合使用高效、低毒、对天敌较安全的杀虫剂，有效控制烟粉虱的大发生。

（3）**化学防治**　常用药剂有吡虫啉、啶虫脒、噻虫嗪等新烟碱类杀虫剂、阿维菌素、甲氨基阿维菌素苯甲酸盐等，在药液中加入300倍液洗衣粉能够显著提高药效。

丽蚜小蜂防治烟粉虱

2. 番茄灰霉病

灰霉病是番茄上为害较重且常见的病害，是由灰葡萄孢（*Botrytis cinerea*）引发的一种真菌病害，可为害番茄的茎、叶、花和果实，主要为害果实，通常以青果发病较重。灰霉病主要在茄科蔬菜苗期和幼果期为害，高温高湿条件有利于病害的发生。

对于番茄灰霉病的防治主要以控制温度、湿度，培育壮苗为主，及时喷药保护，防止病害扩散蔓延。加强通风透光。保护地栽培的番茄上午尽量保持较高的温度，促进幼苗生长，下午适当延长放风时间，加大放风量，降低棚内温度，夜间适当提高棚内温度，减少或避免叶片结露。发病初期适当控制浇水。

3. 番茄黄化曲叶病毒病

番茄黄化曲叶病毒病是一种毁灭性的蔬菜病毒病害，该病发病凶猛、为害猖獗，且因菜农对该病的发病规律和防治措施不了解，极易给番茄生产造成惨重损失，甚至绝产。该病发病植株生长迟滞矮化，顶部新叶变小、褶皱簇状、稍发黄、边缘上卷，叶厚脆硬。染病幼苗严重矮缩，开花结果异常。成株染病的植株仅上部叶和新芽表现症状，中下部叶片及果实一般无症状。

控制番茄病毒病的发生和流行，应采取以农业防治为主的综合防治措施。其中最重要的是培育番茄植株发达的根系，促进健壮生长，增强其适应能力，提高对病害的抵抗能力。

（1）选用抗病品种和无病种苗　选用抗（耐）病品种；加强种子种苗检测，通过对种子种苗处理，去除种子种苗带毒。

（2）控制传毒媒介　诱杀烟粉虱，减少传毒媒介。

（3）化学防治　一些防病毒病药剂的使用，如盐酸吗啉胍、氨基寡糖素等，可促进作物生长，提高作物免疫力。

番茄黄化曲叶病毒病症状

图书在版编目（CIP）数据

土壤熏蒸与番茄高产栽培彩色图说／颜冬冬，曹坳
程著．—— 北京 ：中国农业出版社，2017.2（2020.10重印）
（农药减量控害实战丛书）
ISBN 978-7-109-22373-8

Ⅰ．①土… Ⅱ．①颜… ②曹… Ⅲ．①番茄-果树园
艺-土壤-熏蒸灭菌-图解 Ⅳ．①S641.2-64

中国版本图书馆CIP数据核字(2016)第275266号

中国农业出版社出版
(北京市朝阳区麦子店街18号楼 邮政编码 100125)
责任编辑 阎莎莎 张洪光
———————————
中农印务有限公司印刷 新华书店北京发行所发行
2017年2月第1版 2020年10月北京第2次印刷
开本：880mm×1230mm 1/64 印张：1.625 字数：35千字
定价：15.00 元
(凡本版图书出现印刷、装订错误，请向出版社发行部调换)